Deco Room with Plants

川本谕的
植物美学
教室

与植物
一起生活

Satoshi Kawamoto

[日]川本谕————著 林丽秀————译

中信出版集团|北京

Preface ｜ 前言

1997 年我参与设立东京三宿"环球花园"（GLOBE GARDEN）至今，感觉已逐渐打造出属于自己的植物设计风格，具有国际视野的设计理念，也已一一呈现在室内设计和美食等生活形态上。本书是我的第三本作品，书中通过大量图片，广泛介绍各种生活空间的设计类型和方式，希望带您更深入地了解我的设计理念的发展历程。您不必照单全收，只要结合自己的生活状态往其中加入一小部分，就会让我感到无比欣慰。

我喜欢没有过度整理的房子，因此，介绍书中实例时也秉持初衷，并没有进行刻意收拾。随意摆放的书本、放倒的花盆，尽量表现出最自然的一面，希望能呈现出最舒服的感觉。屋子里有点凌乱反而容易营造出轻松舒适感，期盼本书能将这样的理念具体地传达给您。

CONTENTS　目录

第一章

Home Plants Styling

家的植物风格

绿意盎然的家

川本家位于日本东京郊外，是一座独栋平房。身为园艺设计师的川本拥有独特的国际视野。三番两次亲手装修，经过多年努力打造而成的这套房子，一点儿也不像是早就盖好的日式住宅。本单元，川本将以园艺设计师的独到眼光，提出符合室内设计的构想，同时为您介绍日常生活中合适的居家布置。

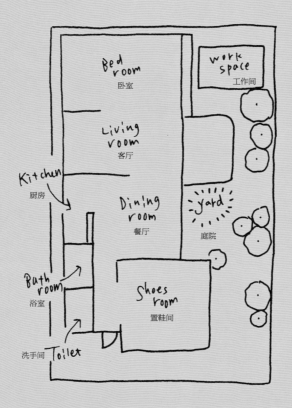

玄关

进出房间必经的玄关，以因长年累月的日晒更显典雅的红色大门为主角。整栋建筑漆成灰蓝色，沉稳大方。为了营造轻松舒适和有趣的氛围，围墙部分用表面有线条的水泥砖砌成，且充分考虑围墙与大门、墙面的色彩搭配，精心挑选了橄榄绿色。围墙中央嵌入铝制围栏，加上木箱或旧木料做适度隐藏，巧妙地淡化了日式建筑给人的刻板印象（p.10上图）。以色彩鲜艳的花盆为装饰，调和了水泥砖墙太过暗沉的色调，用心搭配出最协调的美感。

"STAR" made by driftwood.

"星星"是用漂流木做的

I painted with blue-gray.

我用蓝色和灰色来粉刷

10

打开玄关处的门后，映入眼帘的是复古怀旧、印着外文的壁纸。特别在植物图鉴的页面钉上蝴蝶标本，形成视觉焦点。鞋柜上摆放瓶罐与矿石，或加上圆顶玻璃罩的干花等心爱的杂货摆饰。此外，还竖起树枝，在墙上挂装饰品，或将小鸟模型放在枝头做装饰，让布置饶富变化。

Wall decoration "Astier" I bought in Paris.

墙上的装饰物是我从巴黎 Astier 商店买的

making dried flowers. 制作干花

sealed with old books & real butterfly.

贴上旧书本和真的蝴蝶标本

挂在镜子前的干花，要吊在通风却不
会直接晒到阳光处干燥而成。采用这
种干燥方式，就能欣赏到美丽的干花
形成的过程。以旋转木马的零件为框，
挂在走廊上方的墙面上，巧妙地构成
装饰重点。框边插上干花或在框里粘
贴明信片，不同的装饰手法能够营造
出不一样的风情。

This frame was used in
merry-go-round. 这个框是用旋转木马的零件改装的

置鞋间

置鞋间除收纳鞋类外，还可以摆放鞋子保养用品或电钻等工具，充满男士娱乐间的氛围。为营造这种氛围，房间里特别选用颜色较深的植物，设法营造阳刚帅气、踏实稳重的感觉。为避免因深色植物聚集而显得空间色调太暗沉，可搭配黄色或橘色等有鲜亮颜色的花盆，打造出协调的美感。将装红酒或蔬菜的木箱堆砌起来，并固定在墙上作为鞋柜，使房间布置更有特色。不用了的冷气机表面则贴满扑克牌。

客厅

客厅是看电视或欣赏 DVD 影片等进行休闲娱乐的场所。以斑叶品种这类色彩亮丽的植物为主来布置，整个房间就会显得更明亮。同时，在布置中加入干花或漂流木，打造出富有个性又趣味感十足的空间。天花板附近吊挂着人偶，让人看到后会对命运的操弄感触良多。由天花板垂挂而下的穗饰和植物的搭配性绝佳，建议大量采用。整体气氛不是由单一要素营造出，而是由各式各样的元素组合共同完成。您不妨广泛组合各种素材，试着挑战看看。

PENDLETON's cushion and old military sofa cover.

彭德顿的靠垫和古老的军用沙发套

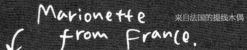

Marionette from France.

来自法国的提线木偶

Zorro's "friend".

宠物狗佐罗的"朋友"

Zzzz……

Making a
special
Lamp…

制作一顶独特的吊灯……

"The plants chandelier" 植物枝形吊灯

利用已干燥处理，拥有漂亮颜色的尤加利、黄杨木、铁线莲等枝条，完成一个散发植物气息的吊灯。配合室内色彩，加上数种人造多肉植物作为重点装饰。只要一点亮吊灯，光线透过叶子扩散开来，就能欣赏到变幻的美妙风情。

Floating flowers.

漂浮的花

The Succulent plant is easy to care !!

多肉植物很容易照看

夏季期间摆上一盆水嫩的绿色植物来
营造舒爽感，春季则以色彩鲜亮的花
卉作为装饰，令人感到无比温暖。空
间的整体气氛会因植物的装点而大有
不同，可尽情地享受各种搭配乐趣。
古董皮箱上放一大块玻璃就变成书桌，
玻璃和皮箱之间夹入不凋花或风格独
特的卡片，又有不同的意境。

厨房

明亮阳光轻洒的厨房，是烹调、冲泡咖啡，轻松度过美好时光的场所。
在区隔厨房和餐厅的橱柜上，配合当下心情，摆放自己喜欢的饰物，
就能布置出赏心悦目的样貌。因为这是一个挑高的场所，因此利用垂
吊性植物营造立体感的效果最好。挂在厨房和餐厅间隔墙上的"SOIL"
是泥土的意思，随时提醒自己牢记"以土为本"的信念。

↖ beans... 豆子

cookie cutters
on the mirror frame.

将烘培模具放在镜框上

24

将散发清新香味的花朵或修剪下来的多肉植物插入瓶罐里，摆在架子上。往玻璃瓶罐中装入豆子或果实，将瓶子并排放在一起就是最亮眼的摆设。傍晚时分，点亮蜡烛，就可以在这样的空间里好好地放松休息了。

Why don't you light up a candle!?
It's nice...

为什么不点一支蜡烛呢？！这真是美好……

餐厅

餐厅为用餐或用于开会讨论的空间，是人员出入最频繁的场所。沿着雕有漂亮图案的锡板墙面，架一个铝梯当架子，摆放古董水壶或独特造型花器，还有从法国跳蚤市场买回来的花盆等，可自然地汇集视线焦点。木制工具箱放入几株花苗，就能轻易地构成组合式盆栽，建议您不妨试试看。天花板附近的墙面上并排放着收集而来的巴黎陶瓷店Astier de Villatte 的盘子和古董时钟。

Right side is my yard.

右手边是我的庭院

It's my "TREASURE" drawn by Astier's designer just for me.

这是我的"宝物"，

Astier 品牌的设计师专为我画的

dried flowers and old vase 干花和旧花瓶

tututu...

coral.

珊瑚

Tool box is useful.

工具箱用途很多

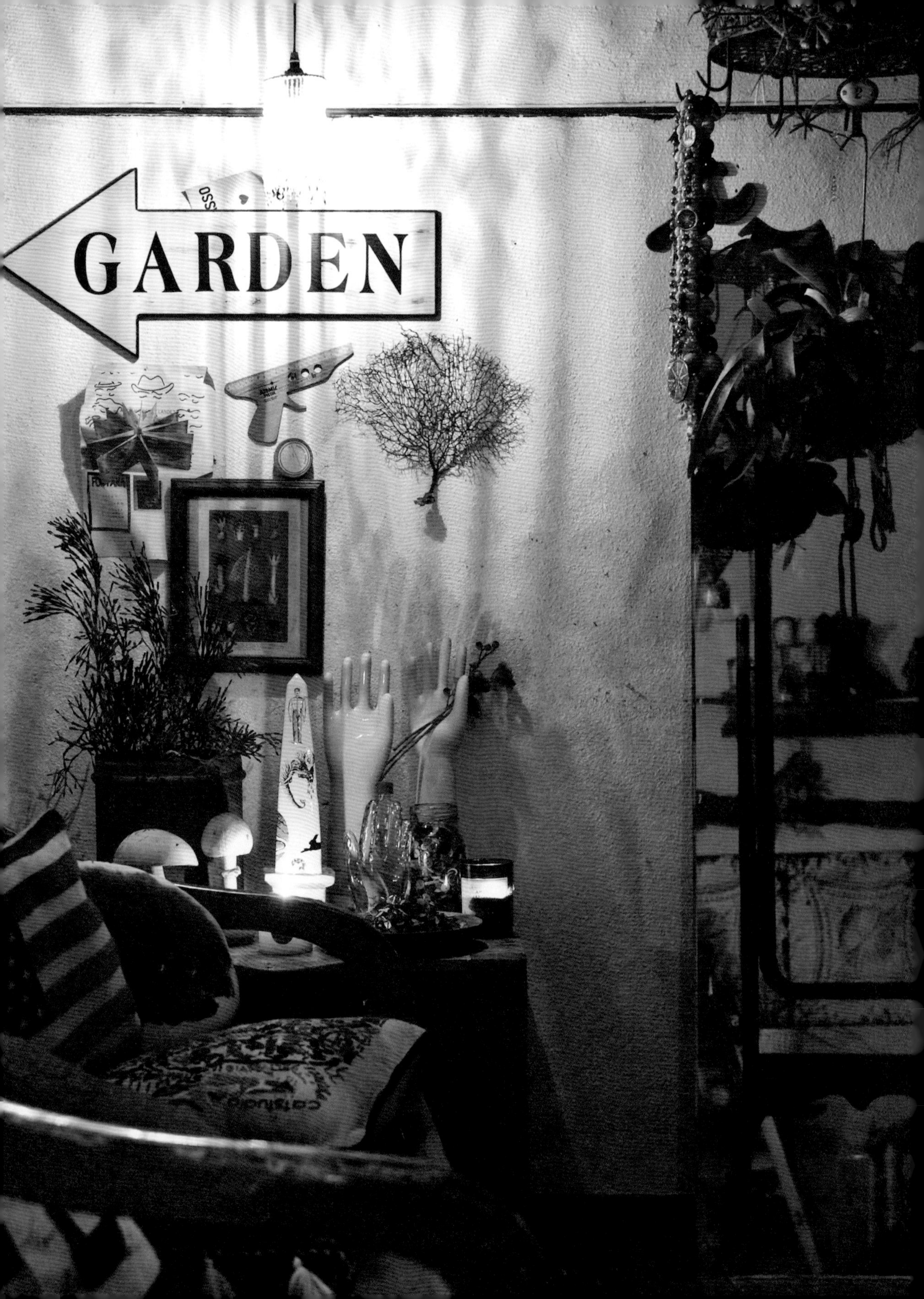
GARDEN

傍晚时分开灯后，房间内植物的叶子和照明设备的
形状会产生影子，神秘而梦幻。柔美的灯光与蜡烛
的光影交织在一起，整个空间令人印象深刻。餐厅
也是做报告、思考和设计文案的场所，因此特别挑
选了猿恋苇和鹿角蕨这样外形亮丽又极具特色的植
物。猿恋苇装入有复古感的工业风盆器中来装饰。

庭院

庭院不是一天就能完成的。因为植物有生命，所以必须在庭院生长一段时间，才会渐渐成熟。我感兴趣的是，人们如何面对生生不息、随时都会展现出全新样貌的变化的大自然。我反复地从错误中学习，最终呈现出庭院如今的景象。三年来始终如一地加以照顾整理，才终于有了这个可以让自己过得更舒适自在的庭院。

↑ work space

工作间

old keys and holy medailles.

旧钥匙和神圣的奖章

I like the color of "AUTUMN". beautiful...

我喜欢秋天的颜色，很漂亮

Pots and bricks.
罐子与砖头

"KOKURYU" is my favorite.

"Green" "Fingers"

只有充分考虑各种素材的用量，才可能打造出一个舒适、放松的庭院。假使连自己无法掌控的部分都插手整理，不管庭院打造得多好，都有可能无法继续享受打理花草的乐趣。打造庭院通道时，若想一口气完成，很可能演变成庞大的工程或出现施工过度等情形。为避免出现这类情况，建议一开始就少量多次地添加不同的素材，怀着玩拼图的感觉逐次完成，这么做既可避免给自己造成负担，又能表现出最自然的感觉。

卧室

卧室是睡觉休息的场所，所以布置得非常简单，并未摆放太多植物，只有床头附近摆放了叶片颜色亮丽的植物。为了避免物品掉落时砸到植物，因此不直接将植物摆在地板上，而是摆得稍微高一点，在人躺在床上时能欣赏到的高度。摆放植物时若能加设一小盏灯，就既能让光线照到叶子，又能营造出柔和温馨的感觉。躺在卧室中央的古董床上，仰望着悬挂在头顶的色彩缤纷的三角旗，心情一定会变得格外轻松愉快。

浴室

浴室是早上起来准备盥洗，简单打理服装和仪容的场所。漆成摩卡色的墙面和水蓝色瓷砖，是我最喜欢的搭配。窗边的小空间摆放陶制的小车子和青蛙玩具，充满了趣味。建议摆放蕨类等喜欢潮湿环境的植物，配合植物特性采用吊挂方式亦可。光线射入浴室中有助于植物生长，浴室有窗户的人家不妨挑战一下。

I picked up beach glasses... 我捡了许多海滩上的玻璃……

colored by "mocha" and pastel tiles.

用摩卡色壁纸与彩色瓷砖增加色彩

41

star fish.
海星

Antique keys
and bottles.
古老的钥匙和瓶子

洗手间

以颜色沉稳大方的画框，装饰宝石蓝的洗手间墙面。
墙上挂着数个画框，中间的框装的镜子，是我挑战蚀
刻加工时完成的作品，充满了美好回忆，所以挂在踏
入洗手间时映入眼帘的位置。镜子边以干燥的尤加利
枝条渲染气氛。尤加利是容易干燥且香气宜人的植物，
可绑成小束挂起来。

大约三年前，我入住了这套房子，当初是因工作上认识的朋友主动提议而与这套房子结缘。这里原本是那位朋友在住，对方因为要离开而直接提出："这栋建筑既有庭院，又能随你自由装修，我觉得很适合你，要不要考虑看看呀？"事实上，直到对方第二次提议，我才开始考虑是否入住，因为对方第一次提议时，距离我必须搬离原来的住处还有一段时间，所以没有考虑。后来我开始寻找下一个住处时，这套房子刚好空出来了，所以很快就决定住进来。

HOUSE　住宅

日本的建筑物通常不能擅自装修，因此，当时与其说是看上这栋房子的外观，不如说是被能够对其自由装修这一点吸引。我上一个住处也是平房，房子虽然老旧，但因房东就住在隔壁，所以整理得还算雅致。说实话，这套房实在太老旧，决定入住之初曾经因此犹豫过，但或许是后来自己从头开始装修的原因，渐渐地对这套房子产生了情感，现在想来，能够住进这套房子真的很幸运。

ROOM

YARD

ROOM 房间

因为这栋古色古香、充满日式风情的建筑物地面全都铺着榻榻米，所以我决定先从地板部分开始改装。榻榻米确实能展现浓厚的日本风味，但因为我比较喜欢颓废自然的室内装潢，所以认为改成木地板更合心意。过程中还遇到其他棘手的问题，比如必须利用锉刀等工具刮掉沙墙。尽管改装过程很辛苦，但我还是决定尽量自己动手，一步步地完成装修。

YARD 庭院

庭院里原本设置了石灯笼与许多巨大的雅石，现在虽然依然存在，但都巧妙地隐藏起来了。话虽如此，身为日本人，当初还是无法完全舍弃喜爱的侘寂之美，因为希望将巨石完全融入设计中，使装修更完美，所以感到犹豫不决，好在装修的过程中我经常觉得喜不自胜。希望在庭院里栽种植物的人，建议您多方尝试后，再慢慢地加入适合该环境的植物。植物要带回家种过后才知道适不适合，因此就先试着种种看吧。

FLOOR 地板

榻榻米上先铺上一层合板，再以木条固定住。整个过程没有委托业者改装，完全由朋友和团队成员帮忙完成。原本我认为贴旧木料的感觉比较好，但因考虑到成本而买了全新的木板，再涂油性着色剂或蚀刻加工处理后依序固定。希望营造出个性工作室的氛围的人，建议在刷油漆时让油漆往下滴或透过布料刷上稀释过的油漆，这会更有韵味。

PAINTING 油漆

因为热爱色彩搭配，所以我觉得刷油漆是一件非常快乐的事情。将墙面或家具刷上自己最爱的颜色，这种做法在日本并不普遍，在欧洲国家则很常见。给家具反复多次地上色，经久使用后露出底下的油漆时，家具上那种被时间刻画出来的自然风情很迷人。当初希望这栋建筑的颜色尽量简单素雅一点，所以将厨房刷成白色，客厅刷成米白色，卧室刷成薄荷绿，洗手间和浴室则采用最有特点的色彩搭配。

第二章

Plants &
Interior
Coordinate

植物内饰搭配

绿意盎然的创意布置

不知道哪些植物比较适合自己的房间？不知道怎么搭配
比较好？本章将针对您这方面的困扰，提出具有创意的
布置构想。只要采用其中一小部分，就能触发您的灵感，
大幅拓展自己的室内设计的思维。

运用白、米白、灰色打造层次感，
布置出充满自然趣味的空间

推荐喜爱亚麻或有机棉等天然素材的人，采用这种布置方式。加上斑叶、垂吊型或叶缘呈锯齿状的植物后，即便不以花卉点缀，还是能增添华丽感，再加上白、米白或灰色等色彩，即可打造出充满整体感的空间。建议您试试白色蜡烛、瓷砖、绕有白铁的陶土花盆、干花等，充分运用这些素材，以营造层次感的想法完成色彩搭配。但若直接采用上述搭配方式可能会过于平淡，因此加上薄荷绿的瓷砖，或增加一面有着古董瓷砖外框、颜色典雅大方的镜子作为重点装饰，以达到画龙点睛的效果。

喜欢可爱风格的人，换上叶子为明绿色或叶面上有白斑的植物，就能改变整体印象；喜欢沉稳风格的人，加入叶子颜色较深的植物，就能布置得中规中矩。

采用波普风的色彩搭配方式
以个性化的植物展现风格

和应用一的布置方式正好相反，应用二大胆采用充满波普风情的
花盆，广泛运用各种色彩，以趣味十足的色彩搭配为重点。这种
色彩缤纷的搭配方式最适合用于装点简单素雅的室内。搭配叶片
颜色为深绿色或略带咖啡色的植物，即可布置出一片充满古典气
息的空间。使用叶片色彩亮丽的植物则可搭配出甜美可爱的风格，
加上多肉植物或空气凤梨，便显出个性十足的模样了。

小巧的植物可搭配叶片形状不同的植物，来营造气氛

小巧可爱的福禄桐，因为叶片颜色颇为亮丽，所以搭配其他植物时，特别挑选斑叶类等叶片颜色较浅的植物，构成整体相当亮眼的布置。叶片小巧的植物相互搭配时很难营造氛围，因此建议搭配叶片浑圆或细长的形状不一的植物。

硕大的叶片配上个性十足的植物，依然能搭配出协调的美感

屋里只摆放一盆已经长大的长寿花就显得气势十足。搭配相同特性的多肉和观叶植物，就能自然地构筑出整体美感。长寿花叶面有绒毛，形状为颇具个性的波浪形，采用这类植物布置时，即便搭上其他同样具有特色的植物，依然可展现出协调的美感。

使弯曲的枝条看起来笔直挺立的巧妙布置

佛肚树因弯曲的枝条和下垂的叶片，令人印象深刻。坐在椅子上仰望佛肚树，弯弯曲曲的叶片，就像在头顶撑开一把伞似的伸展开来，能够享受到置身于独立空间的舒适感。运用组合式盆栽技巧，在佛肚树等树形简洁、分支较少的观叶植物底下，栽种其他种类的植物，既可增添华丽感，又能凸显佛肚树枝条的形态特征。

采用吊挂方式，由上往下的布置使布局更流畅

活用垂吊型植物，不摆放大型观叶植物，轻轻松松就能够完成角落的布置。利用固定在上层的猿恋苇，或在中层的矮凳上也摆放垂吊型植物，就可以形成非常漂亮的线条，色彩也因此改变，让角落更加活泼生动。吊盆上可用遮蔽胶带贴上标签或自己喜欢的卡片，亦可缠绕布料后以麻绳绑住。

空余之处加上置物袋，
就像挂上了漂亮壁饰

图 1：不摆放任何东西也很可爱。

图 2：摆放有个性的花朵盆栽。

图 3：加入犄角状植物后，好好地欣赏吧。

图 4：将剪下的花插入小瓶子里，再放入袋中，形成生动活泼的氛围。

图5：摆放多肉植物，营造出干净利落的形象。

图6：插入几种干花打造复古风格。

图7：随意摆放一个蘑菇造型的装饰品。

图8：放入造型独特的玩偶。

房间里的气氛会因置物袋里的物品不同而有所变化，还可依照自己的心情或季节，变换不同的布置方式。

1

2

试着调整植物的数量，
以改变整体印象

植物摆在相同的地方，只是调节一下数量，整体氛围就会变得很不一样。球兰、
串钱藤、种在玻璃瓶里可以看见根部的合果芋，都可以试着拿来布置。完成图
1 的状态后，只要加上分量十足的蕨类盆栽，整体印象就像图 2 般有了大的改观。
您不妨依照自己的心情或喜好而增减植物，打造出充满个人风格的空间。

"享受园艺乐趣时，工作服是绝对不可或缺的。从悠久的品牌到二手复古衣服，除了外观也要重视功能性。有时候一发现喜欢的商品，我就会马上买回家。穿上工作服后会觉得自己特别有型，工作时心情也很好。"从这句话中就能感受到川本谕对工作服有多讲究。

SHOPCOAT

工作大衣

工作大衣不只工作时可以穿，初春时节也可当作流行服饰进行搭配。通常我在逛二手服装店时，发现自己喜欢的款式、褪色状态绝佳，或颜色很罕见的商品，就会情不自禁地买下来。

我目前拥有的工作服几乎都是古着，都是在逛古着店时挖到的宝。通常凭直觉，看到颜色或款式后，若有"触电"的感觉，就意味着我很想拥有它。

喜欢工作服，是因为不同款式中会带有代表各个国家的不同图案，从衣服上能欣赏到不同的风格，所以，我基本上都是到古着店寻找自己喜欢的衣服。不只工作时喜欢穿，也会当成休闲服穿，工作服的实用性、元素感与设计风格都很独特，因此非常好搭配。

挑选工作服时着重考虑耐穿及便利等功能性。对于早就关注的老店的商品，只要听到关于品牌的历史，乃至于品牌开发商品的故事，我的关心程度也会大大提升。

工装外套、衬衫、吊带工作裤、鞋子等，在琳琅满目、多彩多姿的工作服中，除着重于功能性和流行性外，我也在意其体现的流行元素、风格和背后的历史等，非常讲究。此外，使用标准规格的工具，或穿着考究的靴子时，工作情绪就特别高昂，这些物件只是摆着就极具风格，当作摆饰也很有格调。就这一点来看，今后这方面的收藏应该会不断地增加吧。

园艺靴

因为很喜欢而经常穿着的是绑带式园艺靴。由于品牌不同，有各种材质和颜色的工作靴可供挑选，建议您也为自己买一双合脚的园艺靴。

APRON

工作围裙

二手服装店很难买到尺寸正好的工作围
裙。因此，我在自己的店里，利用旧
亚麻布制作了工作围裙。品位绝佳的围
裙做好后，搭配外套就可以当作外出服，
感觉也很有个性。

第三章

Party
Plants
Styling

聚会植物风格

利用植物精心布置
营造宾主尽欢的家庭聚会气氛

邀请三五好友、恋人、工作伙伴或家人们到家里来做客
时，可以试着运用植物布置玄关或餐桌。怀着轻松招待
客人的心情，布置出雅致舒适的空间。配合餐具或家具，
以植物别具巧思地布置，就能营造出宾主尽欢的氛围。

ENTRANCE
DECORATION 入口布置

为了让第一次来访的客人迅速找到目的地，可利用旗子或摆饰将大门
门口布置得更醒目。以纸花球为装饰，垂挂布料或以麻绳扎绑干花后挂
起来，就能将大门口装点得更富趣味。不妨根据居家风格或聚会主题
进行布置，为客人提供一个清楚的指引目标。

由牛仔布、迷彩布、斜纹棉布等布料构成的三角旗，不需做得太可爱，稍微加入一点粗犷的感觉，就能营造出沉稳大方的氛围。相对地，加上颜色较浅的植物，这块空间整体就会显得比较明亮。以干花装饰大门两旁，避免波普风格太浓厚。

在玄关挂上色彩缤纷的纸花球，就充满了波普风格，令人印象深刻。将一盆色彩鲜艳、造型可爱的花摆在最显眼的位置，立刻增加了丰富度。客人穿过纸花球走进屋里，仿佛一次充满趣味的演出体验。

DOOR 玄关

"reception flowers"

nice plant is in your place

推开门时，决定第一印象的就是玄关处的布置了。该用鲜艳的、沉稳大方的装饰还是比较有特色的小物呢？以下将介绍三款分别使用鲜花、干花和杂货进行布置的示例，会为参加聚会的人留下深刻印象。

1

使用剪下的花来装饰，没有特别加入色彩鲜艳的花卉，而是以颜色低调可爱的野花、多肉植物、蔬菜等植物构成，再以颜色明亮的花盆增添色彩。因为举办的是家庭聚会，所以不必过度修饰，配合自己的居家装潢采用适合的布置方式，就可以打造轻松愉快的气氛。

2

运用满天星、绣球花或尤加利等植物的干
花，再加上果实类素材，打造出更完整的
搭配。色彩沉稳大方，因充满典雅韵味而
令人印象深刻。没时间换水和照顾植物的
人，不妨试着挑战制作干花，亦可加上不
凋花以搭配出波普风格。

3

没有大量的鲜花或干花也没关系，放上小小的花束或杂货，就能完成非常有特色的角落布置。利用经常摆在玄关处的杂货、造型奇特的小物等，精心设计出趣味十足的主题，就能自由自在地创造出更多不同的可能。

With a small bouquet 一小束花

完成玄关的装饰后，接着进行餐桌的空间
呈现。将食物端到桌上，分别装盘后，就
只剩下迎接客人的工作了。布置方式会因
举办聚会的时间、招待的对象、餐点的种
类或餐具的风格不同，而大不相同。

HOLIDAY
PARTY 假日聚会

轻松的假日聚餐，邀请对象为亲密好友。因为在准备过程中肚子就有点饿了，于是想到可以先将蔬菜沙拉等简单菜肴端上桌，因此有了这样的场景。挑选色彩甜美可爱的餐具，挂上瓷砖做成的镜框，让墙上的镜子也呈现特别的色彩，希望能与餐具搭配出最协调的美感。桌旁摆放叶片颜色较浅的秋海棠，清爽明亮风格的聚餐布置就完成了。

" Spinach and beans salad "

菠菜豆子沙拉

Antique color... 复古的颜色

making a flower decoration.

做一个花朵装饰物

use old bottles.

利用起旧瓶子

布置时的关键是以小瓶子插上花作为摆饰。将小瓶子放在桌子的正中央，依序插入植物，避免插入太多，就可以轻松完成主餐桌的装饰。插好后既可一瓶瓶地单独摆放，又可调整间距并排摆放，是非常便利的创意构想。此外，想将餐桌移动到客厅或其他房间时，可一次拿起好几个瓶子，轻易地改变布置方式。插上从庭院或阳台摘的野花、香草也非常优雅美观，重点则是避免过度装饰。

这次想以色彩淡雅的盘子盛装蔬菜色拉，为了配合餐具，花朵部分挑选颜色沉稳的中间色。必须留意的是原色的彼此搭配，以颜色较深的原色花卉搭配原色餐具时，容易造成冲突感，建议降低其中一部分的饱和度，好让整体颜色显得协调。

EVENING
PARTY 晚间聚会

傍晚时分，三五好友聚在一起，快快乐乐地聊天，然后围坐在桌前，一起享受美好的晚餐时光，怀着这种心情完成了布置。桌面装饰得犹如置身于茂密森林中一般，选用的是我很早就喜欢的知名品牌的餐具，都是珐琅材质或厚陶器，温润质感中可隐约感觉到一抹硬朗和泥土的气息。特别挑选一盆叶色较深的植物摆在桌旁，营造沉稳温馨的氛围。

"Grilled chicken with potato and harbs." 烤鸡肉搭配土豆和香草

74

Colorful succurents on the tray. 托盘中颜色丰富的多肉植物

此主题是以多肉植物为主要素材布置的。将植物连同泥土一起放在银色的托盘里，如组合式盆栽一般地搭配植物。露出泥土，将植物依序放入托盘里，不用放得太整齐，打造出自然的感觉。不妨试着将多肉植物的叶片展开成漂亮的形状，直接摆在桌面上，可以好好地欣赏一下叶片姿态之美。摆放好植物后，若觉得桌面上太空旷或感到意犹未尽时，可摆放漂流木取代其他小物，更容易填补空间。最后，将色彩沉稳大方的毯子等披在椅背上，整个餐厅自然就会显得协调统一。

put "Emblems"
on the wall.

将徽章挂在墙上

挑选长条状的杂货，摆在桌上当装饰。不是摆放用餐时使用的
餐具，而是随意摆放装设在分叉树枝上的刀叉杂货，布置得独
特而有个性，轻松营造出个人风格。利用质感温暖的餐具搭配
整体色彩，让餐桌四周的气氛更加温馨，壁饰部分则采用充满
波普风情的色彩，即可让整个空间更协调。可随意粘贴色彩亮
丽的徽章，将白色墙面点缀得更色彩缤纷，能够分散视线，打
造不同风格。

DINNER
PARTY 晚餐聚会

想象着坐在椅子上悠闲聊天的场面，打造出这个场景。这个布置与其说适合与好友分享，不如说更适宜与恋人或家人一起享用精心烹调的美食，好好地享受悠闲美好的时光。干燥过的花朵与果实，加上黑熊剪影图案的蜡烛与香菇状的小物，搭配垂挂在半空中的花饰，纳入许多甜美可爱又有趣的元素，完成最基本的用餐布置。

"Ratatouille" 蔬菜杂烩

paper flowers
and
the bird of
stained glass.

纸花和彩色玻璃小鸟

装饰在墙面上的镶嵌玻璃制成的小鸟，像在吸食挂在面前的墨西哥花饰上的花蜜（p79）。将形状和颜色非常古典的罗马花椰菜或紫色卷心菜等蔬菜当作摆件，直接用于桌面布置，完成一个色彩低调却不失趣味的、令人赏心悦目的装饰。

使用的餐具以白色为基调、款式简单素雅。充分考虑周围的色彩运用，利用餐具的白色与桌旁植物的叶子明亮的颜色，渲染出清新脱俗的氛围。

WINE&CHEESE PARTY

红酒奶酪聚会

在灿烂的阳光下，大家饮酒作乐。点上蜡烛后，氛围马上变得适合与恋人独处。以红酒和奶酪为主题，以傍晚至深夜为主要时段，适时地加入古典元素以配合烛光，巧妙地营造出怀旧氛围。准备一些挂在枝条上的葡萄干或造型奇特的奶酪等，就能酝酿出有别于平常的特别气氛。

许多种类的奶酪和果干

Many kinds of cheese and dried fruit.

Go well with "WINE"

搭配红酒一起

Took away from the wall. put on the table!!

从墙上摘下，放在桌子上吧

随意摆放橄榄木材质的砧板、钱币、铁制花朵艺术品、巴黎
Astier de Villatte 陶瓷店的枝条摆件、插着色彩缤纷不凋花的烛台、
美国加州的艺术家制作的玻璃瓶等艺术创作。

打造出古典风格后，连杂货都充满了协调美感。印象中画框应
该是挂在墙上当装饰的，但若将画框平放在桌面上，再以干花、
玩具兵以及精致的花叶装饰，就能变成气氛绝佳的摆饰。布置
墙面时以盘状、古典胸章为主，希望能构成漂亮的剪影，打造
出复古的效果。

川本谕亲手打造的绿手指（Green fingers）店铺里陈列的杂货和装饰品，
都是他自己收集、采购的。能够挑选出那么多人气商品，完全是靠旅
居海外时培养的品位。那段时间他是怎么度过的？有哪些感想与收
获？以下将通过他本人拍摄或朋友提供的图片，一窥其灵感来源。

对我而言，国外能够给我不同灵感。我为了采购，曾多次前往美国西
海岸。这回是自己开车，触角延伸到旧金山等地，是一趟收获丰硕、
发现颇多的旅程。除采购外，其他时间则是安排参访，或查找想去的
店家，单枪匹马前去造访。从图片中就能看出，造访面包店、理发店、
二手服装店时，我经常因为一些不经意的摆设而震撼不已，走在路上
满脑子想着"这种创意构想说不定哪一天可以应用在其他地方"。

每回我必定造访的是对自己塑造风格有帮助的地区：长滩或帕萨迪纳
的玫瑰碗（Rose Bowl）等地的大规模跳蚤市场。一些未曾去过的地方
也会想去看看，因此会去朋友们提供或网络上搜寻到的店家，甚至因
为当地认识的朋友介绍而与店家加深了交流，拓展了眼界。我的视野
还不够宽广，因此很想到处看看以增长见识，至于会在什么地方碰到
什么事情我无法预知，只是非常积极地从中寻求可能性。

SENSITIVITY IS POLISHED

出国最大的收获是什么呢？就采购而言，每次都会大丰收，除商品外，一看到修理厂工人身上的工作服就觉得很时髦，看到理发店里摆设的工具也觉得很有个性，看到墙上斑驳的油漆颜色感到绝妙无比，最大的收获大概就是这些感觉吧。天空的颜色或空气的感觉当然也不一样，但率先映入眼帘的是颜色和设计。经常因为一家不起眼的小店的装潢而动心，比如觉得某家咖啡店的盛盘方式很优雅，我一直都很在意这些小细节。

第四章

Reception
Plants
Styling

店面植物风格

观察店家的陈设
学习植物创意构想

本章中将结合川本风格的设计理念，介绍三家非常有特色的精品店的布置。利用陈列的商品或杂货，将独特品位运用在设计上，将店铺打造出全新的样貌。本章中随处可见适合居家采用的创意构想，可从中找出喜欢的点子当作日后装饰的参考。

店内充满各种色彩，单单就墙上的壁画或橱柜上的瓷砖图案，就显得华丽无比。特意将这个空间布置成以植物为主的风格，完全没有使用花苗，适当地加入有斑纹的叶片或银色叶片类的植物，发挥巧思，利用叶面上的图案或形状营造气氛。

OPTRI CO 主题店
东京都港区北青山 3-12-12 HOLON-R1层
电话 03-6805-0392
网址 http://www.optrico.com

OPTRI CO
主题店

OPTRI CO 主题店是一家以旅行为主题、经营袜类品牌 MARCOMONDE 的店家。以"虚构的国度"为主要设计理念，贩卖风格独特的服饰等国内外精品和室内装潢杂货。柜台后方的墙面挂着壁毯，民族风格的马赛克、拱门等，处处充满老板的绝佳品位，绝对值得一看。

将鞋刷与多肉植物一起装入银色鞋盒里。将植物放进鞋子中,好像从鞋中长出植物一样,很有趣。以有图案的布料搭配斑叶植物也很有创意。

将风格独特的 MARCOMONDE 袜子,排列在花盆外侧固定住,仿佛是为漂亮的花盆套上的罩子。

以蜡烛围绕花盆,为花盆增添装饰。叶片从上方或空隙间探出头来,显得尤其可爱。使用刻有漂亮图案的蜡烛,或利用古董水壶等色彩低调的物品,更能凸显出绿意盎然的植物之美。

Before

瓷砖拼贴的颜色非常漂亮,因此要避免破坏协调美感或造成冲突感。搭配绿色的菠萝、番石榴的叶子和银色的茉萸等植物,使颜色有微妙差异的植物能够营造出立体感,从而融入马赛克的颜色中以形成层次丰富的效果。虽然植物数量很多,却不会形成压迫感。

在和瓷砖相同色系的大盆子里,放入常春藤等多种植物,使得这个只有观叶植物的角落,依旧华丽大方。

瓷砖、铁、木头材质的古董框、绅士草帽、
古董药罐等，随处摆放这些不同材质的物品，
既充满协调的美感，又能够吸引目光，是非
常有个性的搭配方式。

希望拥有亮银色叶片的茱萸可以生长到天花板，其果实颜色与垂在地板上的常春藤，
巧妙地形成层次感，铁盆里满满的红紫色花卉便是为了形成呼应。打造整体感十足
的空间时，以区块为单位，随处加入同色系素材，效果就会很显著。

DogMan-ia

宠物美容中心

Before

爱犬佐罗每个月都会造访的宠物美容中心。店铺以大麦町犬图案、充满波普风情的外观而令人印象深刻。店内使用色彩浓厚的植物与多肉植物，展现个性之美。使用叶片大小、形状、种类各不相同的植物，再搭配生锈的杂货与家具，成功地打造出粗犷的男性设计风格。

以具有特色的斑叶或分量十足如水晶灯的植物布置店内，且将这些极有存在感的植物吊挂起来，即可成功营造出非凡气势。另外，有一些狗有明确的品种产地，为了凸显这层意义而摆放了地球仪，这也成了布置重点之一。

古董水桶里栽种多肉植物，构成组合式盆栽，喷水壶中插入漂流木，巧妙拿捏杂货和植物的搭配比例，就能使空间设计更加多元。利用老旧瓶罐，放入漂流木或多肉植物，就能完成特殊的摆设。摆设的方法会因搭配的元素不同而有不同，不妨试着依个人喜好变换内容，好好地享受布置的乐趣。

THE M.B

东京都涩谷区上原 2−43−6 biena okubo 一层

电话 / 传真 03−3466−0138

网址 http://www.the-mb.net/

精品店

Before

THE M.B 精品店以"法式美国风"的理念，贩卖传统服饰、设计师品牌、
二手复古风服装等特色精品，为顾客提供风格独特的搭配建议。因为
布置区域位于女士精品区外侧，所以以花卉等素材增添可爱的感觉，
但又必须谨慎拿捏，以免整体设计显得太女孩子气。

以绅士为主题的白色橱柜，重点为将书本竖起摆在花盆前，看起来就像花盆套一样。领带与领结也像植物一样，采用纵向垂挂方式。以女士为主题的衣柜上并排摆着植物和商品，再搭配明亮的粉红色系，最后以土耳其蓝和黑色营造整体感。

Gentlemen *Ladies*

为了透过橱窗展示女性服饰与配件，大量使用画框，运用原本就在店里的烟囱罩，加入几个星星图案的装饰品，以杂货营造可爱气息。加入具有垂吊或攀爬特性的植物，展现线条之美和立体感，同时可以巧妙地藏起花盆。

川本谕所认为的艺术创作是有点不拘小节、能充分表现自己的理念之作。有别于接受委托后布置的空间，他的创作以不同的表现方式来完成。以下就让我们锁定其中最受瞩目的部分吧。

The art of bonsai
盆栽的艺术

怀着"在无人去过的森林研究室中完成"的念头来创作。盆栽是越来越受欢迎的商品，连外国人都称之为"bonsai"。怀着独特的观念，以自己的想法搭配而成。利用不凋花或干花等仿佛能够让时间停下脚步的素材，再加上自己收集的古董，打造一个前所未见的小小色彩世界。今年希望能以"盆栽的艺术"（The art of bonsai）为主题，在国外创作充满自我意识的作品。

Garden Party Lamp
花园风格灯具

因为风格独特的照明设备得之不易，所以制作了加上干花与不凋化的独特灯具，并运用缎带、徽章、布料、羽毛、旧书等物品，表现出极具个性且足以触动人心的整体感。运用巴黎陶瓷店 Astier de Villatte 和约翰·德里安商店（John Derian Company）的商品，加入枝干树叶，营造森林里的景象，完成由天花板往下延伸的布置工作。这是一种使绿意与艺术生活相结合的崭新的创作手法。

FORQUE

婚礼顾问平台

"对服饰或居住环境讲究的人很多，举办独特风格婚礼的人却很少见。"
当初因为这样的想法，我设立了婚礼顾问平台。坚持使用不凋花或干花
等天然植物、制作配件、插花作品或装饰小物等，持续地为顾客提供别
致的婚礼设计服务。

Goods Design

物品设计

我平常从事立体空间设计，对于能以平面表现的设计，如手机壳，也投入相
当大的心力，希望能因此找到发展方向，更进一步地拓展绿手指的涉猎范围，
积极为顾客提供风格独特、重视植物素材运用的设计构想。

Green Fingers Profile

绿手指简介

关于绿手指

本单元中除作者介绍外，一并为您介绍开在日本东京都内的四家店铺。同时也将展示远从国外采购而来，以独到眼光收集的植物、杂货、家具等。光是欣赏就觉得赏心悦目，摆放在房间后，一定会有前所未有的崭新发现。建议您抽空到喜欢的店面里逛逛。

作者简介

川本谕 / 绿手指

活跃中的园艺设计师，利用植物天然之美与独特变化，提供独到、具有吸引力的设计构想。发挥管理专长，于日本东京都内开设四家店铺，积极参与杂志的连载，于店内举办讨论会，为百货店面提供空间设计服务。除运用植物素材外，也以不同领域的设计者身份广泛地参与活动。此外，也通过亲自管理的 FORQUE 婚礼顾问平台，提供不凋花或干花等天然植物的装饰、整体布置、空间设计等建议。近年来更以独到的观点，举办表现植物美感的个展，积极开拓丰富植物与人类关系的领域。

绿手指旗舰店（Green Fingers）

绿手指总店位于日本东京三轩茶屋幽静的住宅区内，是
一家包含古董家具、杂货、装饰品与植物售卖服务的店。
店中琳琅满目地陈列着其他分店难得一见的植物。店面
占地宽敞，一踏入店内仿佛进入秘密基地，连高高的墙
上都陈列着商品，令人流连忘返。不妨怀着寻宝的心情
前去逛逛。

东京都世田谷区三轩茶屋 1-13-5 一层

电话 03-6450-9541

营业时间 12:00-20:00

代官山绿手指庭院（Gfyard daikanyama）

代官山绿手指庭院的商品以室外欣赏的树木与花苗为主，其他品类有花盆和园艺杂货等，店里还可欣赏到绿手指的示范庭院，最适合想在庭院布置中加入重点陈设的人参考。店里也陈列有罕见或色彩亮丽的植物。

东京都涩谷区猿乐町 14–13，mercury design inc.，一楼

电话 03–6416–9786

营业时间 12:00–20:00（不同季节有所变动）

绿手指植物园（Botanical GF）

绿手指植物园位于距离东京都中心不远处的卫星城市二子玉川的商业设施内，主要商品为室内植栽，品种齐全，包括罕见种类及各种不同尺寸，备有风格独特且漆有各种色彩的花盆，可与植物完美搭配。

东京都世田谷区玉川 2–21–1，二子玉川 rise SC，二楼
Village de Biotop Adam et Rope

电话 03–5716–1975

营业时间 10:00–21:00

绿手指诺可（KNOCK by GREEN FINGERS）

从大型家具到杂货、布料，商品一应俱全，设于室内装潢商场入口处，只要前往绿手指诺可逛逛，就能亲身感受融入植物陈设的室内装潢及其创意构想。店里还准备了许多极具特色、风格粗犷的观叶植物。

东京都港区北青山 2–12–28 一楼，ACTUS AOYAMA

电话 03–5771–3591

营业时间 11:00–20:00

花园
不是一天
建成的

THE GARDEN
WAS NOT BUILT IN A DAY

图书在版编目（CIP）数据

与植物一起生活 /（日）川本谕著；林丽秀译 . --
北京：中信出版社，2019.7（2020.3重印）
  书名原文：Deco Room with Plants
  ISBN 978-7-5217-0427-3

Ⅰ.①与… Ⅱ.①川…②林… Ⅲ.①园林植物－室
内装饰设计－室内布置 Ⅳ.① TU238.25

中国版本图书馆 CIP 数据核字 (2019) 第 073260 号

本书仅限中国大陆地区发行销售

本书译稿由雅书堂文化事业有限公司授权使用。

与植物一起生活

著　　者：[日]川本谕
译　　者：林丽秀
出版发行：中信出版集团股份有限公司
　　　　　（北京市朝阳区惠新东街甲4号富盛大厦2座　邮编　100029）
承　印　者：北京雅昌艺术印刷有限公司

开　　本：787mm×1092mm　1/16　　印　张：7　　　字　数：100千字
版　　次：2019年7月第1版　　　　　印　次：2020年3月第4次印刷
京权图字：01-2018-6815　　　　　　广告经营许可证：京朝工商广字第8087号
书　　号：ISBN 978-7-5217-0427-3
定　　价：58.00元